T/CAGHP 020—2018

目　次

前言 …… Ⅲ
引言 …… Ⅴ
1 范围 ……… 1
2 规范性引用文件 ……………………………………………………………………………………………… 1
3 术语和定义 …………………………………………………………………………………………………… 1
4 总则 ……… 2
5 基本规定 ……………………………………………………………………………………………………… 2
　5.1 编制原则 ………………………………………………………………………………………………… 2
　5.2 施工组织设计编制与审核程序 ………………………………………………………………………… 2
　5.3 施工方案编制与审核规定 ……………………………………………………………………………… 2
　5.4 安全专项施工方案编制与审核规定 …………………………………………………………………… 3
6 施工组织设计 ………………………………………………………………………………………………… 3
　6.1 编制依据 ………………………………………………………………………………………………… 3
　6.2 工程概况 ………………………………………………………………………………………………… 3
　6.3 施工部署 ………………………………………………………………………………………………… 4
　6.4 施工现场平面布置 ……………………………………………………………………………………… 4
　6.5 施工准备 ………………………………………………………………………………………………… 5
　6.6 施工技术方案 …………………………………………………………………………………………… 6
7 施工方案 ……………………………………………………………………………………………………… 6
　7.1 工程概况 ………………………………………………………………………………………………… 6
　7.2 施工安排 ………………………………………………………………………………………………… 6
　7.3 施工准备 ………………………………………………………………………………………………… 7
　7.4 施工方法 ………………………………………………………………………………………………… 7
8 施工管理计划 ………………………………………………………………………………………………… 7
　8.1 一般规定 ………………………………………………………………………………………………… 7
　8.2 进度管理计划 …………………………………………………………………………………………… 7
　8.3 质量管理计划 …………………………………………………………………………………………… 8
　8.4 安全管理计划 …………………………………………………………………………………………… 8
　8.5 环境保护及文明施工管理计划 ………………………………………………………………………… 9
　8.6 成本管理计划 …………………………………………………………………………………………… 9
　8.7 季节性施工保证计划 …………………………………………………………………………………… 10
　8.8 交通组织计划 …………………………………………………………………………………………… 10
　8.9 建（构）筑物及文物保护计划 ………………………………………………………………………… 10
附录 A（资料性附录） 地质灾害治理危险性较大的分部（分项）工程 …………………………………… 11
附录 B（资料性附录） 地质灾害治理工程施工组织设计目录 ……………………………………………… 12

附录 C（资料性附录） 地质灾害治理工程分部(分项)施工方案编制目录 …………………… 14

附录 D（资料性附录） 地质灾害治理工程安全专项施工方案目录 …………………………… 15

附录 E（资料性附录） 超过一定规模的危险性较大的分部(分项)工程范围 ……………………… 17

前言

本规范按照 GB/T 1.1—2009《标准化工作导则 第1部分：标准的结构和编写》给出的规则起草。

本规范附录 A、B、C、D、E 为资料性附录。

本规范由中国地质灾害防治工程行业协会提出并归口。

本规范主要起草单位：深圳市工勘岩土集团有限公司、广东省有色矿山地质灾害防治中心、广东省惠州地质工程勘察院、广州华磊建筑基础工程有限公司、深圳市岩土综合勘察设计有限公司、广东核力工程勘察院。

本规范参加起草人：雷斌、甘文华、邱文才、吴旭彬、马君伟、贺杰、周庆华、陈永桂、吴星根、宋明智、张明、魏国灵、张琨、曾勇辉、林强、李波。

本规范由中国地质灾害防治工程行业协会负责解释。

引 言

为规范地质灾害治理工程施工组织设计的编制与管理,提高地质灾害治理工程设计施工管理水平,特制定本规范。

本规范内容分为八部分:包括范围、规范性引用文件、术语和定义、总则、基本规定、施工组织设计、施工方案、施工管理计划。

地质灾害治理工程施工组织设计规范(试行)

1 范围

本规范规定了与地质灾害治理工程相关的施工组织设计文件的编制与管理内容。

本规范适用于山体崩塌、滑坡、泥石流、地面塌陷、地裂缝、地面沉降等类别地质灾害治理工程施工组织设计文件的编制与管理。

2 规范性引用文件

下列规范中的条款通过本规范的引用而成为本规范的条款。凡是注明日期的引用文件,其随后所有的修改单(不包括勘误的内容)或修订版均不适用于本规范;凡是不注明日期的引用文件,其最新版本适用于本规范。

GB/T 19001—2016　质量管理体系要求
GB/T 50326—2017　建设工程项目管理规范
GB/T 50502—2009　建筑施工组织设计规范
GB/T 50903—2013　市政工程施工组织设计规范

3 术语和定义

下列术语和定义适用于本规范。

3.1

地质灾害治理工程 regulation project of geological disaster

指对崩塌、滑坡、泥石流、地面塌陷、地裂缝、地面沉降等地质灾害或者地质灾害隐患,采取专项地质工程措施,控制或者减轻地质灾害的工程活动。

3.2

地质灾害治理工程施工组织设计 construction management plan for regulation project of geological disaster

以地质灾害治理单项(单位)工程项目为编制对象,用以指导施工的技术、经济和管理的综合性文件。

3.3

施工方案 construction scheme for divisional (subdivisionl) work

以地质灾害治理工程中的各分部(分项)工程为主要对象单独编制的施工技术与组织方案。

3.4

危险性较大的分部(分项)工程 divisional (subdivisionl) work with higher risk

在地质灾害治理施工过程中存在的、可能导致作业人员群死群伤或造成重大财产损失和重大不良社会影响的分部(分项)工程。

T/CAGHP 020—2018

3.5

安全专项施工方案 special security construction scheme

针对地质灾害治理工程中属于危险性较大的分部（分项）工程单独编制的综合性文件。

4 总则

4.1 地质灾害治理工程施工组织设计按编制对象、内容，可分为施工组织设计、施工方案。

4.2 开工前应编制切实可行的施工组织设计，对于分部（分项）工程应编制施工方案，属于危险性较大的分部（分项）工程应编制安全专项施工方案。危险性较大的分部（分项）工程范围见附录A。

4.3 地质灾害治理工程施工组织设计文件应结合现场环境条件、地质灾害类型、地质灾害治理手段、工程阶段和工程特点进行编制。

4.4 地质灾害治理工程施工组织设计文件的编制与管理，除应符合本规范外，尚应符合国家、行业现行相关标准、规范的规定。

4.5 施工组织设计应实行动态管理，在治理工程施工过程中如发生工程设计重大变更、施工方案重大调整、主要施工资源配置重大改变、施工环境有重大变化等情况时，施工组织设计应及时进行修改或补充。

4.6 施工组织设计实施过程中，应进行施工安全监测。

5 基本规定

5.1 编制原则

a) 执行工程建设程序，遵守现行有关法律、法规，符合合同有关质量、进度、安全、文明施工、环境保护等方面的要求。
b) 科学有据、技术可行、经济合理、安全可靠、社会安定。
c) 推广应用新技术、新工艺、新材料、新设备。
d) 采用绿色施工技术，实现环境保护、节能、节地、节水、节材。
e) 与质量、环境和职业健康安全三个管理体系有效结合。

5.2 施工组织设计编制与审核程序

a) 施工组织设计编制内容应包括编制依据、工程概况、施工部署、施工现场平面布置、施工准备、施工技术方案、主要施工管理计划等基本内容。具体编制内容见附录B。
b) 施工组织设计应由项目负责人主持编制，经施工单位技术负责人审核，并报监理工程师审批后实施。
c) 经修改或补充的施工组织设计文件应按审批权限重新履行审核、审批程序。

5.3 施工方案编制与审核规定

a) 施工方案编制内容应包括：工程概况、施工安排、施工准备、主要施工方法及主要施工保证措施等基本内容。施工方案的编制内容见附录C。
b) 施工方案应由专业技术负责人主持编制，经项目技术负责人审核，并报监理工程师审批后实施。

5.4 安全专项施工方案编制与审核规定

a) 安全专项施工方案内容应包括工程概况、编制依据、施工部署、施工技术方案、施工保证措施、应急预案、计算书及相关图纸。安全专项方案的编制内容见附录D。

b) 危险性较大的分部（分项）工程安全专项施工方案应由项目负责人主持编制，经项目技术负责人审核，并报监理工程师审批；对超过一定规模的危险性较大的分部（分项）工程安全专项施工方案，应组织专家进行论证。

c) 超过一定规模的危险性较大的分部（分项）工程范围见附录E。

6 施工组织设计

6.1 编制依据

6.1.1 合同及图纸等文件资料内容：
  a) 招标文件。
  b) 工程施工合同。
  c) 治理工程勘查资料、施工图纸。
  d) 周边建（构）筑物及管线资料。

6.1.2 适用的规程、规范、标准：
  a) 与工程施工相关的规程、规范。
  b) 与工程施工质量验收相关的标准。

6.1.3 地方工程建设管理规定和办法：
  a) 项目所在地政府的法律、法规。
  b) 与治理工程相关安全、文明施工方面的管理规定和办法。

6.1.4 现场踏勘资料：
  a) 查明施工范围内及周边的环境条件，查明影响范围内建（构）筑物、居民、航道、道路情况，以及地上、地下管线分布等。
  b) 调查地质灾害分布范围、高程、规模、形态，以及地域条件、地形地貌、工程地质与水文地质条件。
  c) 对照施工平面布置图，确认施工图标示位置与现场实际位置的符合性，核对设计措施实施的可行性。
  d) 场地平整、道路交通、供水、供电、排水、通信、障碍物等。
  e) 与工程实施有关的主要施工材料、设备情况。

6.1.5 施工单位能力水平：
  a) 工艺技术、机械设备、人员水平、资金实力。
  b) 类似工程相关技术经济水平。
  c) 内部管理制度和质量、环境与职业健康安全管理体系文件等。

6.2 工程概况

6.2.1 工程主要情况：
  a) 治理项目地理位置、范围、地质灾害类型和危害等。

b) 治理工程的类型和规模、施工内容与要求。
c) 主要施工项目工程量表。
d) 勘察、设计、监理等单位情况。
e) 其他应说明的情况。

6.2.2 现场施工条件应包括下列内容：
a) 气象水文、地形地貌、工程地质、水文地质条件。
b) 地质灾害主要特征。
c) 周边环境条件，包括场地可利用情况、周边主要受影响的居民区、附近建（构）筑物分布、需要保护的各类管线等。
d) 当地施工材料、机械设备供应情况。
e) 场地临水、临电、临时道路、排水、材料堆放等情况。
f) 可利用的资源分布等其他应说明的情况。

6.2.3 工程重点、难点分析：
a) 结合现场条件，从施工组织、进度安排、施工工艺、质量安全等方面综合分析治理工程的重点、难点。
b) 根据重点、难点，提出主要管理对策和控制措施。

6.3 施工部署

6.3.1 确定工程目标，应包括质量、安全、进度、环境保护和成本等目标。

6.3.2 确定项目组织机构及管理层级，明确各层级的责任分工，配备专业的施工技术、管理和作业人员，宜采用框图的形式辅助说明。

6.3.3 施工安排主要内容：
a) 应根据地质灾害治理手段、工程特点、季节、气候条件，制订总体施工流程。
b) 对施工区域按照先易后难、先高后低、分片分区合理安排施工，明确施工顺序和施工流向。
c) 对各施工片区的主要人员及机械设备进行合理配置。
d) 对主要施工方法进行说明，并对施工工序的衔接进行总体安排。

6.3.4 编制施工进度计划应在工程目标下划分施工阶段，并确定施工进度节点，宜采用网络图或横道图等形式编制，并应附必要说明。

6.3.5 确定资源配置计划，应包括下列内容：
a) 根据施工安排和进度计划，确定总用工量、各工种用工量及工程施工过程各阶段各工种劳动力配置计划，编制劳动力需求计划表，绘制劳动力用工动态曲线，并附相关说明。
b) 根据施工进度计划确定主要使用材料和机械设备配置计划，并明确型号、数量、进出场时间。
c) 根据总体施工部署和施工进度计划，确定主要周转材料和施工机具的配置计划，并附相关说明。
d) 根据施工需求，编制施工用水、用电计划。

6.4 施工现场平面布置

6.4.1 施工现场平面布置要求：
a) 临建设施应避开可能发生地质灾害的影响区域，防止产生次生灾害。
b) 平面布置合理，占用面积少。

c) 合理组织运输,缩短工地搬运距离,尽量减少二次搬运。
d) 充分利用既有道路、建(构)筑物,降低临时设施建造费用。
e) 符合节能、安全、消防、文明施工、环境保护及水土保持等相关要求。
f) 符合当地主管部门、建设单位及其他部门的相关规定。

6.4.2 施工现场平面布置内容:
a) 治理区、办公区、生活区等各类设施建设方式及动态布置安排,划定警戒范围。
b) 确定临时道路位置及结构形式,并对现场交通组织形式进行说明。
c) 确定加工场、材料堆放场、机械停放场等辅助施工生产区域,并说明位置、面积、结构形式和运输路径。
d) 确定现场排水设施布置。
e) 确定施工现场临时用水、临时用电方式和现场布置,并进行相应的用量计算和说明。
f) 确定现场消防设施配置并进行简要说明。
g) 确定现场紧急情况下疏散线路。

6.4.3 编制各主要施工阶段现场平面布置图。

6.5 施工准备

6.5.1 技术准备:
a) 收集治理工程勘查设计文件、当地气象水文资料,以及地表径流资料等。
b) 组织专业技术人员熟悉治理工程勘查资料,了解施工场地工程地质、水文地质条件;组织专业技术人员熟悉施工图纸,参加技术交底和图纸会审,明确设计意图和治理要点,形成图纸会审及技术交底记录。
c) 科学合理地选择施工工艺,有针对性地编制施工组织设计文件。
d) 组织技术关键点论证和施工人员技术培训。
e) 组织办理测量基准点的移交,对移交的测量基准点进行复核、保护,按工程测量要求布设测量控制网点。
f) 完善开工前的报批手续,准备齐全技术资料,取得监理单位签发的开工报告。

6.5.2 现场准备:
a) 施工前安排项目管理人员进行现场踏勘,了解地质灾害治理范围的现状,明确治理工程区域,熟悉施工现场条件。
b) 施工前按现场平面布置图的要求规划临时设施占地,进行临时征地及赔偿。
c) 进行场地临时设施建设,包括施工场地平整、供水供电设计与接入、规划布置生活区与办公区等。
d) 修建临时道路,临时道路包括材料运输与人行道路,线路布置应方便施工,运输路面宜硬化处理,道路的宽度、坡度、转弯半径等必须满足施工车辆行驶要求,路堑或路堤边坡应进行必要支挡;人行通道处于危险地段时,应设置防护设施。
e) 对所有进场设备进行验收,设备性能应满足施工要求,并处于良好的工作状态,做好施工设备安装、调试等准备工作。
f) 组织施工材料进场,材料应满足施工质量要求,所有进场材料必须有出厂合格证,并现场见证取样送检,检验合格后投入使用。
g) 对存在弃土的施工项目,应对弃土场地进行调查,确定临时弃土弃渣堆放点,弃土边坡应保持稳定,不得损坏周边环境。

6.5.3 设备准备:
a) 编制主要施工机械设备表,选择满足技术性能和施工条件的机械设备。
b) 按施工进度计划要求组织机械设备进场,并进行进场前的报验工作,验收合格后按指定地点就位。

6.5.4 人员准备:
a) 编制项目主要劳动力计划,包括项目经理部管理人员和作业层施工班组操作人员,其人员应满足岗位、专业、工种、数量的要求。
b) 按施工安排组织人员进场,满足现场施工需求。
c) 进场人员应满足岗位执业资格要求,持证上岗。

6.5.5 资金准备:
a) 包括资金使用计划及筹资计划等,并结合图表形式辅助说明。
b) 制订资金使用管理规定等。

6.6 施工技术方案

6.6.1 各专业工程应通过技术、经济比较优化选择施工技术方案。

6.6.2 施工技术方案内容应满足下列要求:
a) 应结合地质灾害类型、治理手段、现行标准、施工图纸和现有的资源,确定各分部(分项)治理工程的施工工艺流程,宜采用流程图的形式表示。
b) 确定各分部(分项)治理工程的施工方法、操作要点、施工技术措施,并应结合工程图表、照片等形式进行辅助说明。
c) 应结合地质灾害类型治理特点,确定工程施工的重点和难点,并制订相应的对策措施。
d) 制订治理期间的施工监测方案,制订全过程巡视巡查制度,明确巡视巡查内容,并按时提交监测报告和巡视巡查记录。

7 施工方案

7.1 工程概况

7.1.1 工程基本情况应包括分部(分项)工程的名称、范围及施工组织设计的重点要求等。

7.1.2 设计与施工要求应主要介绍地质灾害治理工程的设计内容,以及对治理施工提出的相关要求。

7.1.3 现场施工条件应重点说明场地周边环境条件、交通运输、供水供电、材料供应等内容。

7.2 施工安排

7.2.1 应确定分部(分项)工程管理的组织机构及岗位职责,并应符合施工组织设计的总体要求。

7.2.2 应确定分部(分项)工程的进度、质量、安全、环境等目标,各项目标应满足施工组织设计的要求。

7.2.3 应确定分部(分项)工程施工流水段的划分,明确施工顺序、施工流向,以及与其他工程间的工序衔接。

7.2.4 分部(分项)工程施工进度计划应满足项目总施工进度计划并动态调整。

7.2.5 资源配置计划应包括劳动力配置计划和物资配置计划,并应满足下列要求:
   a) 劳动力配置计划应确定专业工种用工量,并编制各专业工种劳动力计划表。
   b) 物资配置计划应包括分部(分项)工程的材料、构配件、设备、机具、半成品、监测检测设备等专项配置计划,编制物资资源需求量计划表。

7.3 施工准备

7.3.1 施工准备应根据总体施工安排确定。

7.3.2 施工准备应包括技术准备、现场准备,并满足下列要求:
   a) 技术准备应包括施工所需技术资料的准备、图纸深化、技术交底、工程测量方案、试验检验和测试监测工作计划。
   b) 现场准备应包括施工现场的生产及临时设施的安排与计划,以及现场"三通一平"、平面布置等。

7.4 施工方法

7.4.1 施工方法应根据各分部(分项)工程的特点选择,明确工艺流程、工艺要求、操作要点及质量检验标准,明确保证工程质量与安全的技术措施。

7.4.2 对易发生质量通病、易出现安全问题、施工难度大、技术含量高的分部(分项)工程、工序等应做出重点说明。

7.4.3 对开发和使用的新技术、新工艺以及采用的新材料、新设备应通过必要的试验或论证,并做出重点说明。

8 施工管理计划

8.1 一般规定

8.1.1 施工管理计划主要包括进度管理计划、质量管理计划、安全管理计划、环境保护及文明施工管理计划、成本管理计划以及其他管理计划等。

8.1.2 各项施工管理计划的制订,应根据工程项目的地质灾害治理类型、治理手段及特点编制。

8.2 进度管理计划

8.2.1 项目施工进度管理应按照项目施工的技术要求和合理的施工顺序,保证各工序在时间上和空间上顺利衔接,并制订相应的工期控制目标。

8.2.2 施工进度计划应包括以下内容:
   a) 对项目施工进度计划进行逐级分解,通过阶段性目标的实现保证最终工期目标的实现。
   b) 建立施工进度管理的组织机构并明确职责,制订相应进度管理制度。
   c) 针对不同施工阶段的特点,制订进度管理的相应措施,包括管理措施、技术措施等。
   d) 建立施工进度动态管理机制,及时纠正施工过程中的进度偏差,并制订特殊情况下的赶工措施。
   e) 根据项目周边环境特点,制订相应的协调措施,减少外部因素对施工进度的影响。

8.2.3 进度计划的管理措施应包括:
   a) 资源保证措施。

b) 资金保证措施。
c) 沟通协调措施等。

8.2.4 进度计划的技术措施应包括：
a) 分析影响施工进度的关键技术工作，制订关键节点控制措施。
b) 分析影响施工进度的各种因素，进行动态管理，制订必要的纠偏措施。

8.3 质量管理计划

8.3.1 质量管理计划可参照《质量管理体系要求》(GB/T 19001—2008)，并结合施工单位质量管理体系编制。

8.3.2 质量管理计划应包括下列内容：
a) 按照项目具体要求，确定质量目标并进行分解。
b) 建立项目质量管理的组织机构，落实主要管理人员，并明确相应职责。
c) 制订符合项目特点的质量管理措施、质量技术措施等，通过可靠的预防控制措施，保证质量目标的实现。
d) 建立质量过程检查制度，并对质量事故的处理做出相应规定。

8.3.3 质量管理措施应包括下列主要内容：
a) 建立相应的质量管理制度。
b) 制订对材料供应商及分部(分项)工程专业施工队伍的质量管理措施等。

8.3.4 质量技术措施应包括下列主要内容：
a) 施工测量误差控制措施。
b) 材料、构配件和设备、施工机具、成品(半成品)进场检验措施。
c) 各分部(分项)工程的重点部位及关键工序的质量保证措施。
d) 材料、构配件和设备及成品(半成品)保护措施。
e) 质量通病预防和控制措施。
f) 试验、检测保证措施。

8.4 安全管理计划

8.4.1 项目经理部应建立安全施工管理组织机构，落实安全管理人员，明确职责和权限。

8.4.2 按工程内容和岗位职责对安全目标进行分解，并应制订必要的控制措施。

8.4.3 应根据工程特点、施工方法及危险性程度，编制安全专项方案。

8.4.4 应根据地质灾害治理工程特点，制订相应的安全管理及保证措施：
a) 建立相应的安全施工管理制度。
b) 确定安全施工管理资源配置计划。
c) 制订各分部(分项)工程的安全保证措施。
d) 制订施工期间突发地质灾害事件应急措施。
e) 根据季节、气候的变化，制订相应的季节性安全施工措施。
f) 建立施工人员三级教育和上岗培训制度。
g) 建立现场安全检查制度，并对安全事故处理做出相应规定。
h) 对现场第三方监测、施工监测及现场的巡视巡查提出相应规定。

8.4.5 应针对施工过程中可能发生事故的紧急情况，编制应急救援预案，并符合下列规定：

a) 建立应急救援组织机构,组建应急救援队伍,岗位落实到人,并明确职责和权限。
b) 根据地质灾害治理工程特点,辨识重大危险源(高空坠落、崩塌、塌陷、物体打击、触电、机械伤害等),并根据项目情况有针对性地制订预防控制措施,制订事故应急处理程序、现场应急处置措施、现场演练计划。
c) 配置相应的应急救援物资,明确相关的应急联络电话,确定应急救援线路等。

8.5 环境保护及文明施工管理计划

8.5.1 应根据工程特点,建立环境保护及文明施工管理组织机构,明确职责和权限。

8.5.2 应建立环境保护及文明施工管理检查制度。

8.5.3 应确定环境保护及文明施工资源配置计划。

8.5.4 施工现场环境保护措施应包括下列主要内容:
a) 节地节能节材措施:合理规划平面布置,少占地,保护好周边植被,不随意乱砍、滥伐林木。
b) 扬尘、烟尘控制措施:临时道路硬底化、定期洒水除尘,设置专用防烟罩。
c) 噪声控制措施:优选低噪声机械设备,合理布置场地,降低施工噪声干扰。
d) 生活、生产污水排放控制措施:生活、生产区分开规划,设置独立的排水、排污净化系统,污废水排放应符合当地环境保护部门的规定。
e) 固体废弃物管理措施:集中有序堆放、净化处理,及时清运至指定位置;弃土不阻碍沟道,不堆填在江河水域,临时堆放设置挡土结构。
f) 水土流失防治措施:保护坡体岩土不受侵蚀流失,裸露区域采用临时保护或植被覆盖。
g) 爆破控制措施:按规定时间进行,采用少药量、延时爆破作业。
h) 生态环境保护及恢复措施:工完场清,按要求恢复原有生态环境。

8.5.5 现场文明施工管理制度与措施应包括下列主要内容:
a) 项目公示制度:开工前标牌公示治理工程概况和项目负责人等内容。
b) 封闭管理措施:对施工现场、生活区进行围挡封闭,并符合相关规定要求。
c) 办公、生活、生产及辅助设施等临时设施管理措施。
d) 施工现场机具管理措施。
e) 材料、构配件和设备管理措施。
f) 现场卫生管理措施。
g) 施工现场便民措施等。

8.6 成本管理计划

8.6.1 成本管理计划应以项目施工预算和施工进度计划为依据编制。

8.6.2 成本控制措施应包括下列内容:
a) 根据项目施工预算,制订项目施工成本目标。
b) 根据施工进度计划,对项目施工成本目标进行阶段分解。
c) 建立施工成本管理的组织机构并明确职责,制订相应管理制度。
d) 应根据工程规模和特点进行技术经济分析,并制订管理和技术保证措施,控制人工费、材料费、机械费、管理费等成本。
e) 确定科学的成本分析方法,制订必要的纠偏措施和风险控制措施。

8.7 季节性施工保证计划

8.7.1 针对暴雨期、台风天气对地质灾害治理工程施工的影响,制订暴雨、台风期间施工保证措施,并应编制相应的施工资源配置计划。

8.7.2 针对低(高)温对工程施工的影响,应制订低(高)温施工保证措施,并应编制施工资源配置计划。

8.7.3 应制订其他季节性施工保证措施。

8.8 交通组织计划

8.8.1 应针对地质灾害治理施工环境条件恶劣、工艺复杂、外界不可遇见因素多的特点,作业区域内及周边交通情况编制交通组织计划,主要应包括交通情况现状、交通组织安排等。

8.8.2 交通情况现状应包括下列内容:施工作业区域内及周边的主要道路、交通流量及其他影响因素。

8.8.3 交通组织安排应包括下列内容:
   a) 依据总体施工安排划分交通组织实施阶段,并确定各阶段的交通组织形式及人员配置,绘制各实施阶段交通组织平面示意图。
   b) 确定施工作业影响范围内主要通行路口及重点区域的交通疏导方式,并绘制交通疏导示意图。

8.9 建(构)筑物及文物保护计划

8.9.1 地质灾害经常对周边建(构)筑物、文物造成破坏或安全隐患,应对施工影响范围内的建(构)筑物进行调查,调查情况宜采用文字、表格或平面布置图等形式说明。

8.9.2 应分析地质灾害治理对现场范围内的建(构)筑物及文物的影响,并应制订保护、监测和管理措施。

8.9.3 应制订建(构)筑物、文物发生意外情况时的应急保护措施。

8.9.4 针对施工过程中发现的文物,应制订现场保护措施。

8.9.5 文物保护措施:发现文物立即停止施工,采取合理措施保护现场,及时上报业主和文物管理部门。

附 录 A
（资料性附录）
地质灾害治理危险性较大的分部（分项）工程

A.1 开挖深度超过 3 m（含 3 m）或虽未超过 3 m 但地质条件和周边环境复杂的基坑（槽）支护、降水工程。

A.2 不良地质条件下有潜在危险性的土方、石方开挖工程，滑坡体处治工程。

A.3 开挖深度超过 3 m（含 3 m）的基坑（槽）的土方开挖工程。

A.4 高度超过 6 m 的边坡处治工程、高度超过 3 m 的支挡工程。

A.5 混凝土模板支撑工程：搭设高度 5 m 及以上；搭设跨度 10 m 及以上；施工总荷载 10 kN/m² 及以上；集中线荷载 15 kN/m² 及以上。

A.6 起重吊装工程：
    a) 采用非常规起重设备、方法，且单件起吊重量在 10 kN 及以上的起重吊装工程。
    b) 采用起重机械进行安装的工程。

A.7 脚手架工程：搭设高度 24m 及以上的落地式钢管脚手架工程。

A.8 爆破工程：
    a) 建（构）筑物爆破工程。
    b) 采用爆破开挖的工程。

A.9 其他：
    a) 人工挖孔抗滑桩工程。
    b) 采用新技术、新工艺、新材料、新设备及尚无相关技术标准的危险性较大的分部（分项）工程。

T/CAGHP 020—2018

附　录　B
（资料性附录）
地质灾害治理工程施工组织设计目录

第一章 编制依据
　　第一节　业主提供资料
　　第二节　适用的规程、规范、标准
　　第三节　当地的工程管理规定和办法
　　第四节　现场踏勘资料
　　第五节　施工单位能力水平

第二章 工程概况
　　第一节　工程简介
　　第二节　现场施工及环境条件
　　第三节　场地地质岩性
　　第四节　场地水文地质情况
　　第五节　治理工程设计情况
　　第六节　治理工程施工技术要求
　　第七节　治理工程主要工程量
　　第八节　施工重点、难点分析及相应管理措施

第三章　施工总体部署
　　第一节　主要工程管理目标
　　第二节　总体组织安排
　　第三节　总体施工安排
　　第四节　施工进度计划
　　第五节　劳动力需求计划
　　第六节　机械设备配置计划
　　第七节　主要材料配置计划
　　第八节　主要周转材料和机具配置计划

第四章　施工现场平面布置
　　第一节　临建设施
　　第二节　临时用电
　　第三节　临时用水
　　第四节　临时道路
　　第五节　临时排水
　　第六节　加工场、堆场
　　第七节　现场消防设施
　　第八节　应急疏散线路

第五章　施工准备

第一节　技术准备
　　第二节　现场准备
　　第三节　设备准备
　　第四节　人员准备
　　第五节　资金准备
第六章　施工技术方案
　　第一节　施工流程
　　第二节　施工工序操作要点
　　第三节　施工技术措施
　　第四节　施工检查及验收标准
第七章　施工监测方案
　　第一节　监测技术要求
　　第二节　施工监测手段
　　第三节　监测监控措施
　　第四节　巡视巡查要求、内容及反馈处理
第八章　施工管理计划
　　第一节　质量管理计划
　　第二节　进度管理计划
　　第三节　安全管理计划
　　第四节　环境保护及文明施工管理计划
　　第五节　成本管理计划
　　第六节　季节性施工保证计划
　　第七节　交通组织计划
　　第八节　建（构）筑物及文物保护计划
附件
　施工现场总平面布置图
　主要施工机具和设备计划
　劳动力计划
　工程进度计划
　应急线路
　相关计算书
　治理施工图纸

附 录 C
（资料性附录）
地质灾害治理工程分部(分项)施工方案编制目录

第一章 工程概况
    第一节 工程简介
    第二节 现场施工及环境条件
    第三节 治理工程设计情况
    第四节 治理工程施工技术要求
    第五节 治理工程主要工程量

第二章 施工安排
    第一节 项目管理组织机构
    第二节 主要工程管理目标
    第三节 施工流程、施工顺序、施工流向
    第四节 劳动力需要计划
    第五节 机械设备配置计划
    第六节 主要材料配置计划

第三章 施工准备
    第一节 技术准备
    第二节 现场准备

第四章 施工方法
    第一节 施工工序流程
    第二节 施工工序操作要点
    第三节 施工技术措施

第五章 主要施工保证措施
    第一节 质量管理措施
    第二节 进度管理措施
    第三节 安全管理措施
    第四节 环境保护及文明施工管理措施

附件
    施工现场平面布置图
    主要施工机械设备配置表
    劳动力计划
    工程进度计划
    相关计算书
    施工图纸

T/CAGHP 020—2018

附 录 D
（资料性附录）
地质灾害治理工程安全专项施工方案目录

第一章　编制依据
　　第一节　与工程相关的招标文件、合同、资料
　　第二节　规程、规范标准
　　第三节　施工组织设计文件

第二章　工程概况
　　第一节　工程简介
　　第二节　现场周边环境条件
　　第三节　场地工程地质条件
　　第四节　场地水文地质情况
　　第五节　治理工程设计情况
　　第六节　治理工程施工技术要求及技术保证条件
　　第七节　治理工程主要工程量

第三章　施工总体部署
　　第一节　主要工程管理目标
　　第二节　总体组织安排
　　第三节　总体施工安排
　　第四节　施工进度计划
　　第五节　劳动力需求计划
　　第六节　机械设备配置计划
　　第七节　主要材料配置计划
　　第八节　主要周转材料和机具配置计划

第四章　施工现场平面布置
　　第一节　临建设施
　　第二节　临时用电
　　第三节　临时用水
　　第四节　临时道路
　　第五节　临时排水系统
　　第六节　加工场、堆场及机械停放场
　　第七节　现场消防设施
　　第八节　应急疏散线路

第五章　施工准备
　　第一节　技术准备
　　第二节　现场准备
　　第三节　设备准备
　　第四节　人员准备

第五节　资金准备

第六章　施工技术方案
第一节　技术参数
第二节　施工工艺流程
第三节　施工方法及工序操作要点
第四节　施工技术措施
第五节　施工检查及验收标准

第七章　施工监测方案
第一节　监测技术要求
第二节　施工监测内容与方法
第三节　监测监控措施
第四节　巡视巡查要求、内容及反馈处理

第八章　安全管理保证措施
第一节　安全管理体系
第二节　组织保证措施
第三节　安全施工保证措施

第九章　环境保护及文明施工保证措施
第一节　环境保护及文明施工管理机构
第二节　组织保证措施
第三节　环境保护及文明施工保证措施

第十章　质量管理保证措施
第一节　质量管理机构
第二节　组织保证措施
第三节　质量保证措施

第十一章　季节性施工保证措施

第十二章　应急预案
第一节　应急组织机构及分工
第二节　应急启动及演练
第三节　重大危险源辨识及相应预防控制措施
第四节　应急物资计划
第五节　应急联络单位及联系电话
第六节　应急线路

附件
施工现场平面布置图
主要施工机械设备配置表
劳动力计划
工程进度计划
应急线路
相关计算书
施工图纸

附 录 E
（资料性附录）
超过一定规模的危险性较大的分部（分项）工程范围

E.1 基坑工程：
   a) 开挖深度超过 5 m（含 5 m）的基坑（槽）的土方开挖、支护、降水工程。
   b) 开挖深度虽未超过 5 m，但地质条件、周围环境和地下管线复杂，或影响毗邻建（构）筑物安全的基坑（槽）的土方开挖、支护、降水工程。

E.2 边坡治理工程：
   a) 岩质边坡高度超过 30 m。
   b) 土质边坡高度超过 10 m。

E.3 混凝土模板支撑工程：
   a) 搭设高度 8 m 及以上。
   b) 搭设跨度 18 m 及以上，施工总荷载 15 kN/m² 及以上。
   c) 集中线荷载 20 kN/m² 及以上。

E.4 起重吊装工程：
   a) 采用非常规起重设备、方法，且单件起吊重量在 100 kN 及以上的起重吊装工程。
   b) 起重量 300 kN 及以上的起重设备安装工程。

E.5 脚手架工程：
   搭设高度 50 m 及以上落地式钢管脚手架工程。

E.6 爆破工程：
   a) 码头、桥梁、高架、烟囱、水塔或拆除中容易引起有毒有害气（液）体或粉尘扩散、易燃易爆事故发生的特殊建（构）筑物拆除工程。
   b) 可能影响行人、交通、电力设施、通信设施或其他建（构）筑物安全的拆除工程。
   c) 文物保护建筑、优秀历史建筑、历史文化风貌区控制范围的拆除工程。

E.7 其他：
   a) 开挖深度超过 16m 的人工挖孔抗滑桩工程。
   b) 采用新技术、新工艺、新材料、新设备及尚无相关技术标准的危险性较大的分部（分项）工程。